设计理想的家

简约家居轻图典

叶斌　叶猛◎编著

U0214644

海峡出版发行集团 | 福建科学技术出版社
THE STRAITS PUBLISHING & DISTRIBUTING GROUP | FUJIAN SCIENCE & TECHNOLOGY PUBLISHING HOUSE

目录

客　厅

卧　室

其他功能区

客厅

主要装修材料

几何形艺术地毯

浅灰花大理石

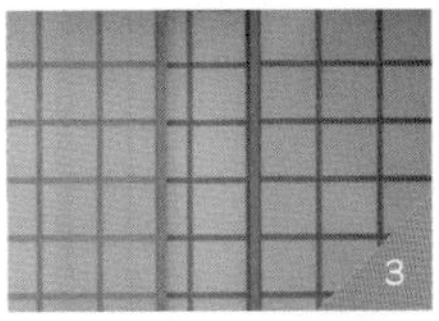
木质格栅

浅灰网纹玻化砖

手绘墙

石膏吊顶

复合实木地板

白枫木装饰线

简约风格家居的设计要素

空间构成：居室空间的划分不再局限于硬质墙体，常通过家具、吊顶、地面材料、陈列品或光线的变化来区分不同的功能空间。

装饰材料：选材上不再局限于石材、木材、面砖等天然材料，增加了金属、涂料、玻璃、塑料以及合成材料等。

家具设计：家具线条简洁明快，富有设计感，强调功能性，色彩搭配多样。

主要装修材料

混纺地毯

密度板拓缝

浅啡网纹玻化砖

有色乳胶漆

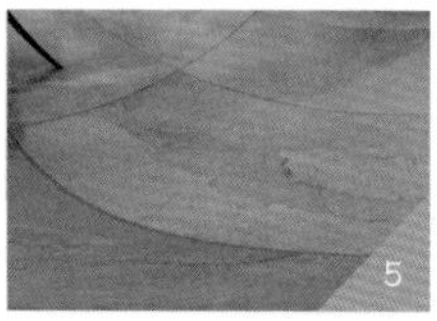
仿石地砖

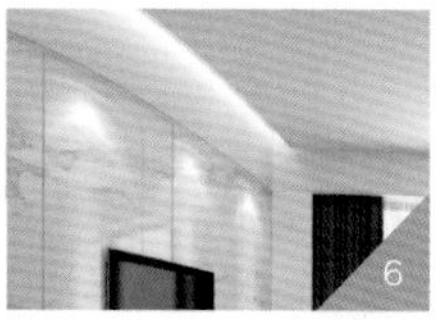
爵士白大理石

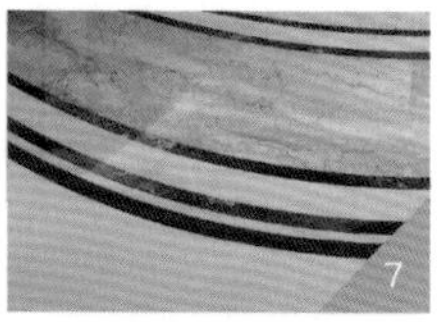
深灰花大理石波打线

胡桃木饰面板

客厅地砖的颜色怎么选

客厅是家庭装修中面积较大的空间，因此客厅地面的色彩不能太深、太艳，以简洁明亮为宜。客厅地砖在选购时要考虑到家装的整体风格，地砖应与客厅的装修风格、家庭装修的整体风格协调一致。如果是田园风格或者欧式风格，那么可以选用仿古砖、大理石贴花等。如果是简约风格或现代风格，则可选用米色的。如果室内光线不足，可尽量使用淡色的地砖，以使空间看起来更加明亮通透。

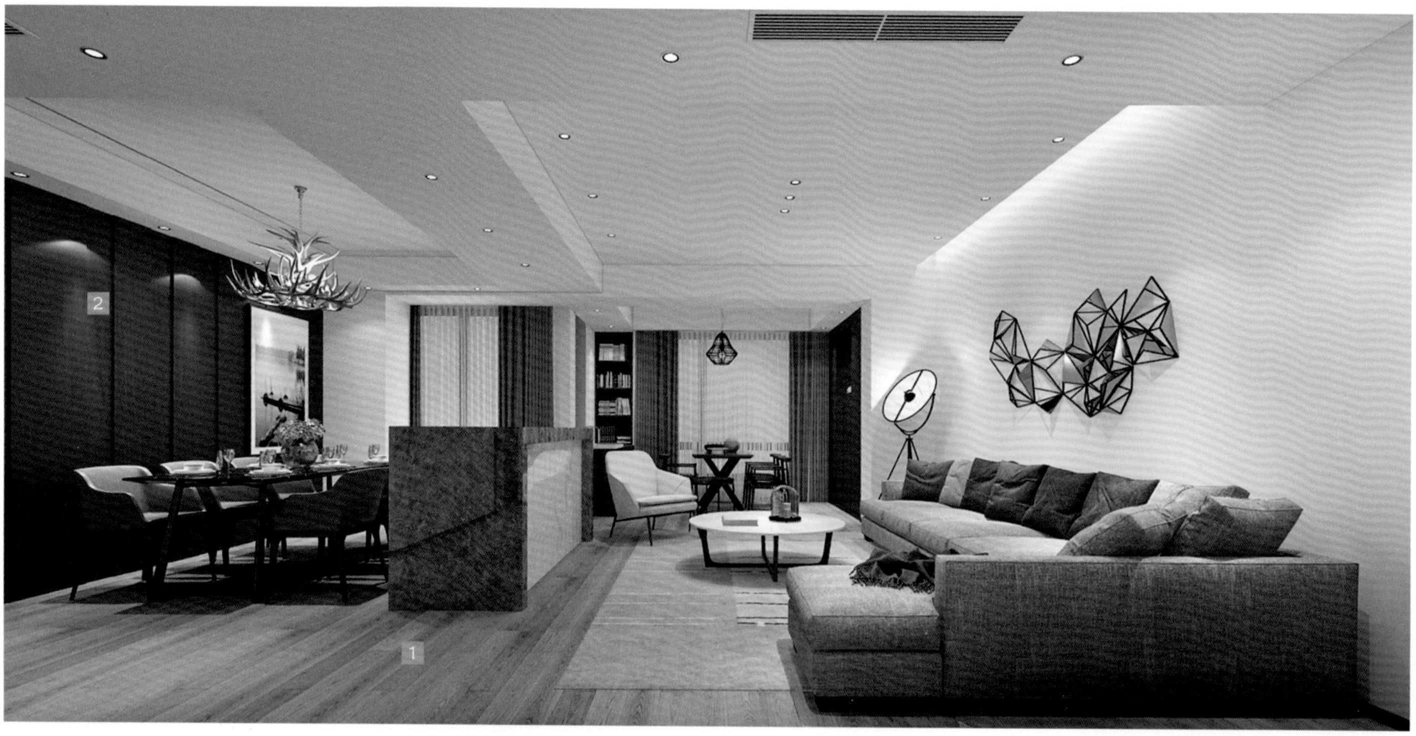

主要装修材料

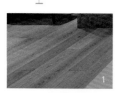

仿木纹金刚板

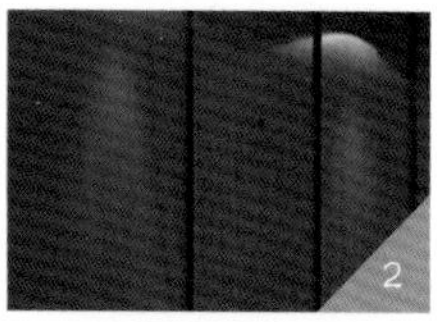

黑胡桃木饰面板

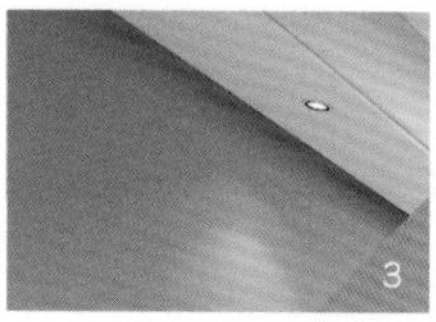

有色乳胶漆

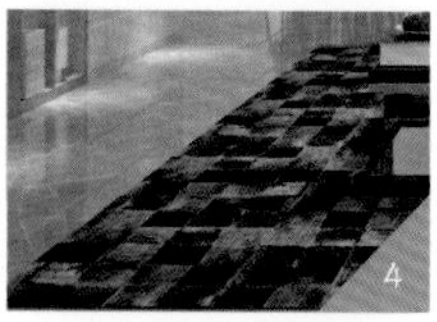

混纺地毯

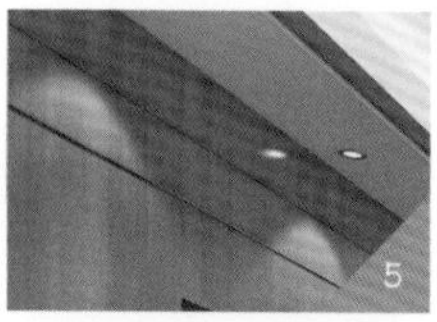

水曲柳饰面板

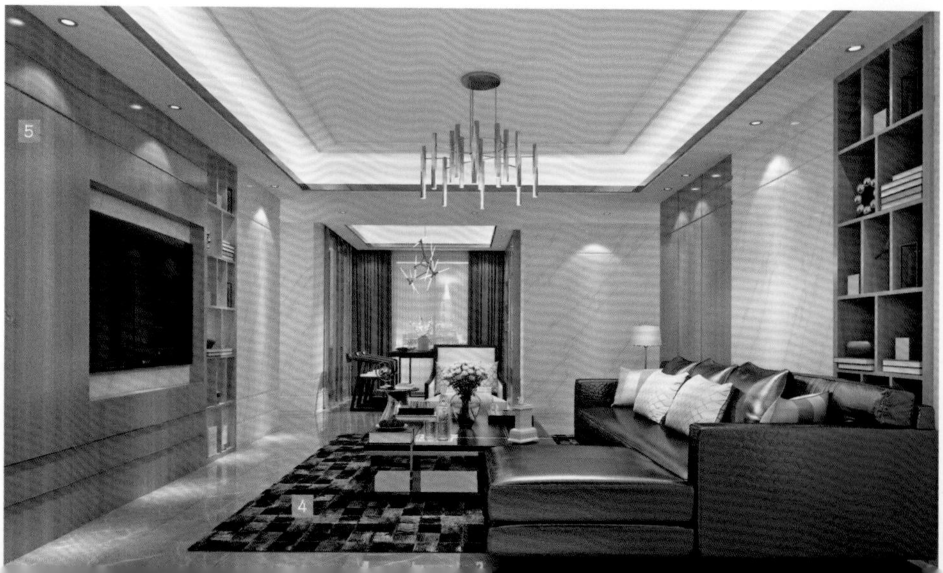

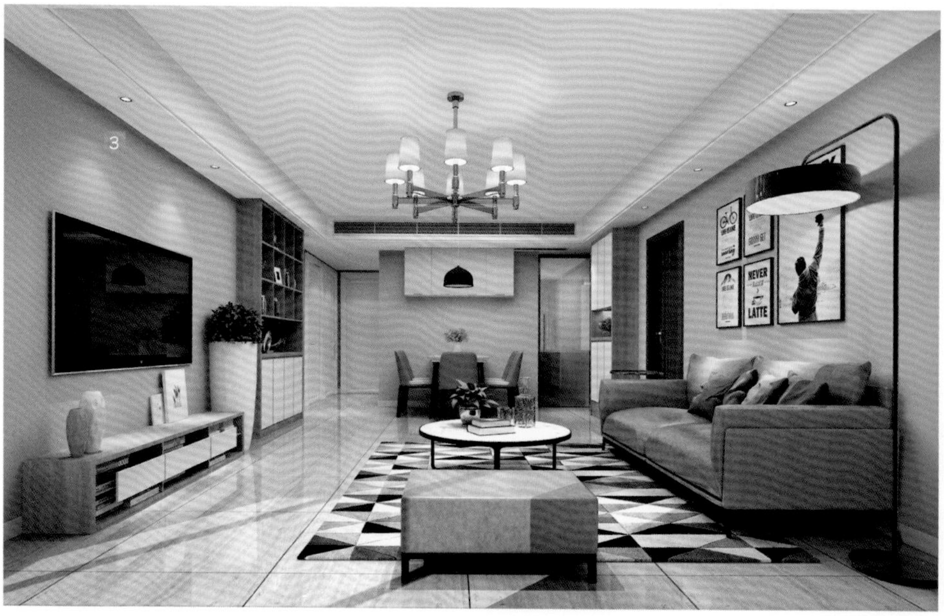

主要装修材料

肌理壁纸

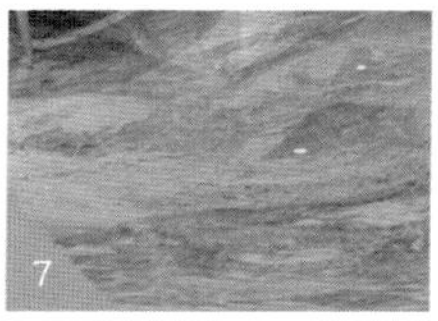

仿洞石地砖

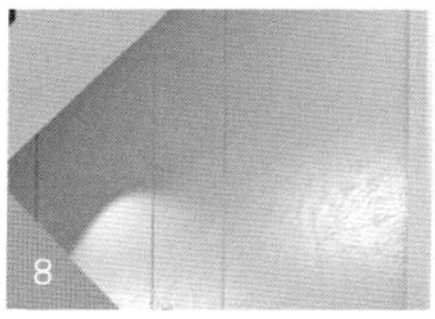

密度板拓缝

条纹玻璃隔断

简约风格家居应重视细节

简约风格的内核是一种现代的“消费观”，即注重生活品位、健康时尚和适度消费，因此，简约空间的设计通常非常含蓄、节制，往往能达到以少胜多、以简胜繁的效果。比如，在洁净的墙面上平行地挂两幅黑白装饰画，给空间增添几分静谧与理性之美；用色彩跳跃的红色沙发为简洁的空间带来活力与激情；用造型别致的茶几为空间增添浪漫气息。此外，由于简约风格家居的线条简洁，装饰元素少，需要完美地配合软装才更能突显美感，比如，沙发需要靠垫，餐桌需要餐桌布，床需要靠枕、床单来衬托等。

主要装修材料

麻布硬包

爵士白大理石

米色肌理壁纸

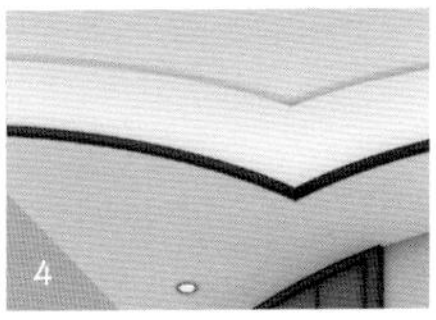

黑胡桃木装饰线

胡桃木饰面板

混纺地毯

木质格栅

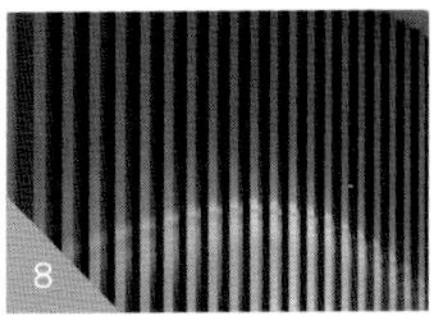

实木装饰线密排

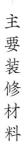

主要装修材料

胡桃木饰面板

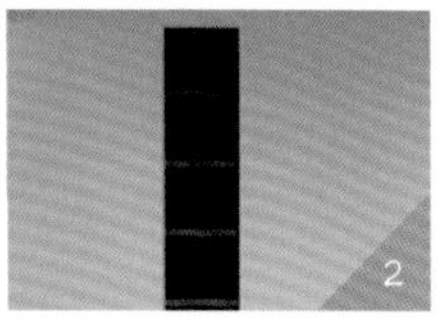

木质搁板

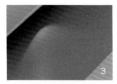

墨绿色乳胶漆

水曲柳饰面板

木纹玻化砖

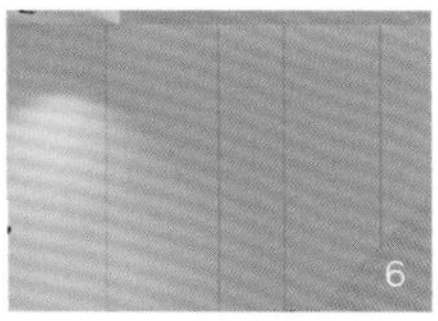

密度板拓缝

实木装饰线密排

米黄玻化砖

2

6
5

7
8

2
1

3

4

主要装修材料

实木花格

抽象画

木格栅

有色钢化玻璃隔断

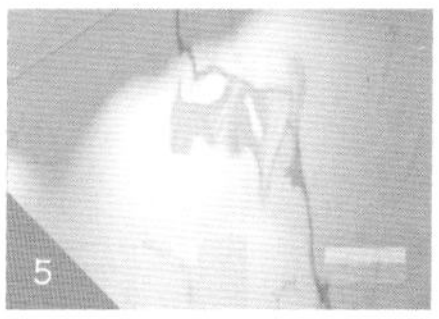
爵士白大理石

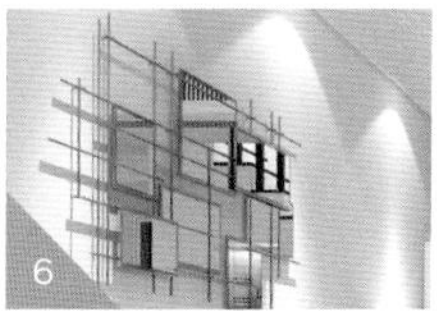
艺术墙饰

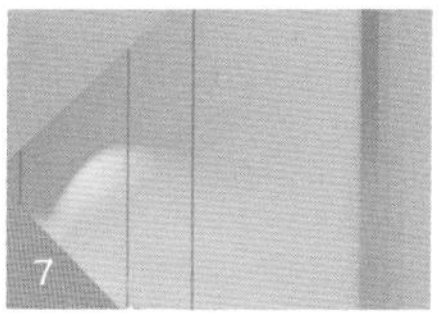
实木装饰线

混纺地毯

主要装修材料

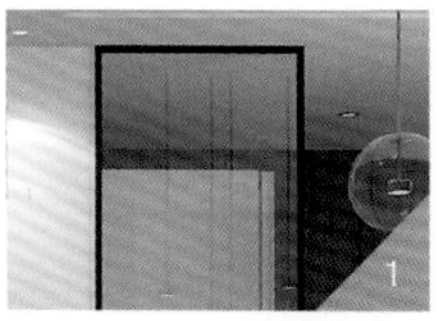

钢化玻璃隔断

直纹斑马木饰面板

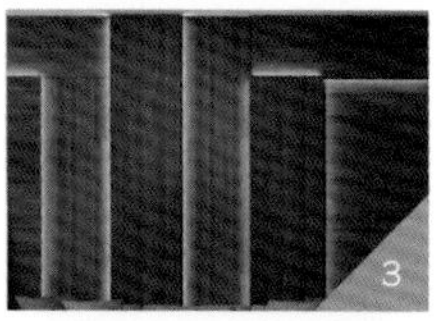

胡桃木造型饰面板

肌理壁纸

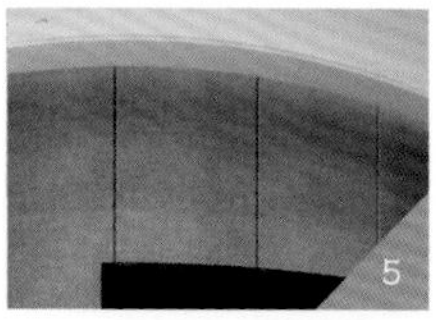

布艺硬包

软装饰也要健康环保

不选用释放刺激性气味的家具：购买家具时若有刺激性气味冲鼻、刺眼，说明有害气体释放量较高。应尽量选用不带刺激性气味的环保家具。

装饰布忌买来就用：家里的窗帘、桌布、沙发套、门帘、地毯等装饰布在生产过程中常会加入人造树脂等助剂，以及染料、整理剂等，其中含有甲醛，应做适当的处理或清洗后再使用。

主要装修材料

不锈钢装饰线

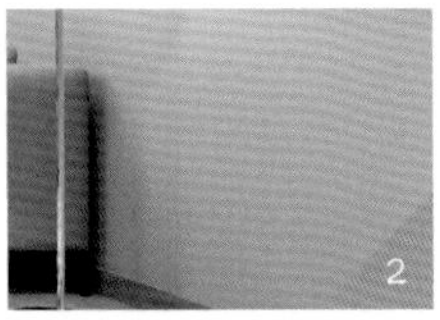

肌理漆

白枫木踢脚线

浅灰亚光地砖

水曲柳装饰线

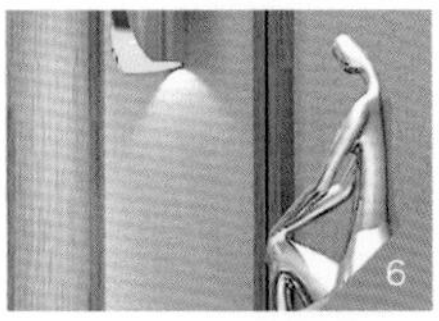

布纹壁纸

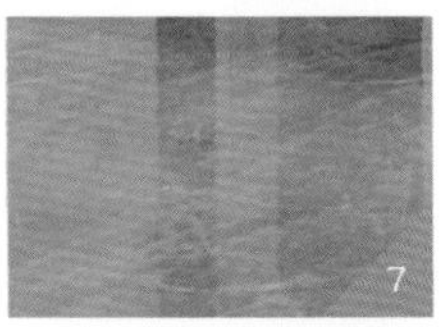

波斯灰玻化砖

胡桃木地板

5
6

8
7

主要装修材料

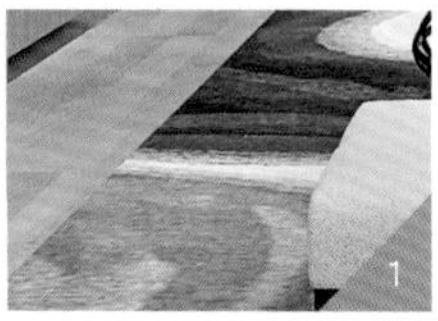

艺术地毯

板岩砖

仿木纹金刚板

人造大理石壁炉

中灰花玻化砖

主要装修材料

胡桃木装饰线密排

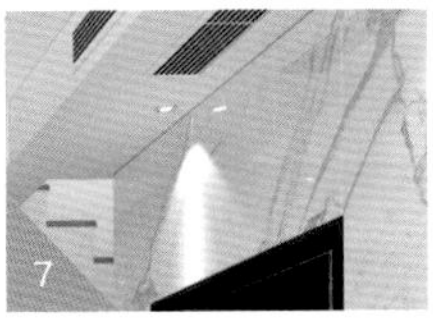

中花白大理石

米色肌理漆

金箔装饰线

主要装修材料

有色乳胶漆

中灰花玻化砖

造型密度板

不锈钢装饰线

米黄网纹玻化砖

艺术地毯

主要装修材料

绒面地毯

仿木纹金刚板

中花白墙砖

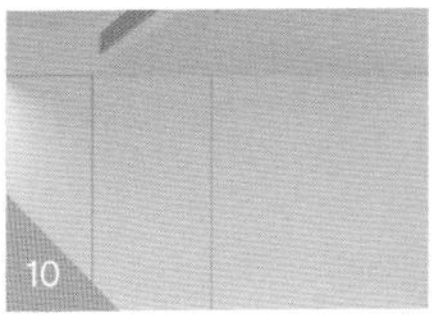

密度板拓缝

确定窗帘花色的方法

花色的选择是选购窗帘的关键，是重要的第一步。所谓“花色”，就是窗帘的花纹和颜色。窗帘的图案不宜过于繁琐，要考虑打褶后的效果。窗帘的花型有大小之分，可根据空间的大小及整体风格进行具体的选择。

1. 空间面积大：窗帘可选择花型较大的款式，使空间显得饱满不单调。

2. 空间面积小：窗帘应选择花型较小或纯色的款式，能令人感到温馨、恬静，不会使空间产生拥挤的感觉。

3. 新婚房：窗帘宜选用色彩鲜艳、明媚的款式，以营造出喜庆、欢乐的气氛。

4. 老人房：窗帘宜用素净、平和的色调，营造一个安静、和睦的氛围。

主要装修材料

皮革硬包

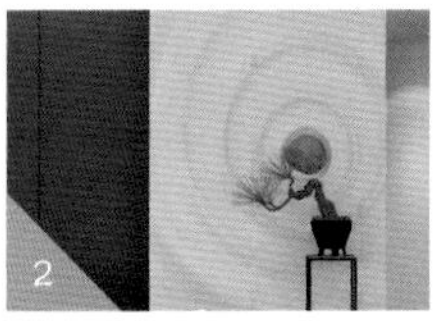

定制墙绘

仿木纹金刚板

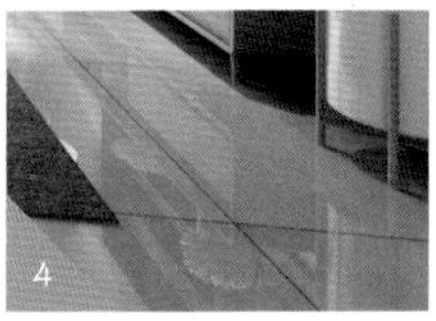

米色玻化砖

装饰银镜

浅灰色乳胶漆

布纹壁纸

中花白大理石

1
2
STAY
TRUE
STAY
YOU

3

主要装修材料

装饰银镜

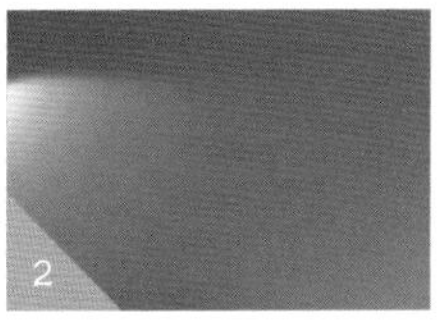

有色乳胶漆

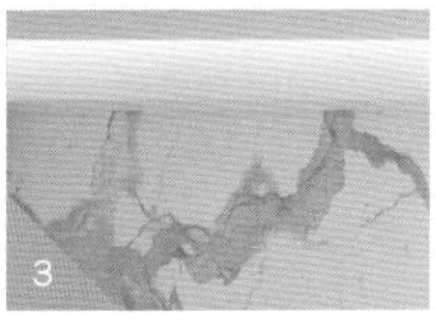

中花白大理石

胡桃木饰面板

木格栅

胡桃木装饰线

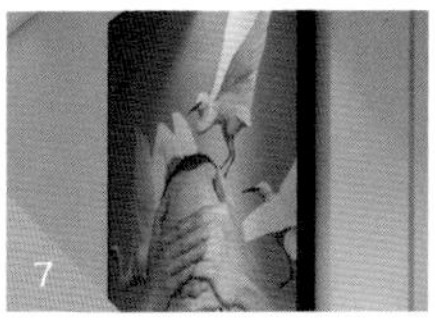

艺术挂画

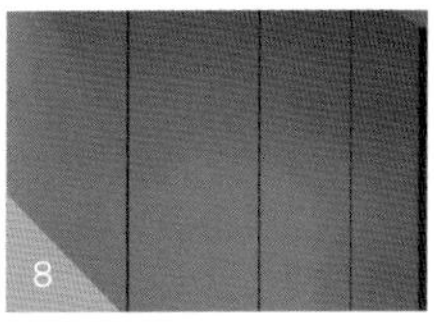

肌理壁纸

主要装修材料

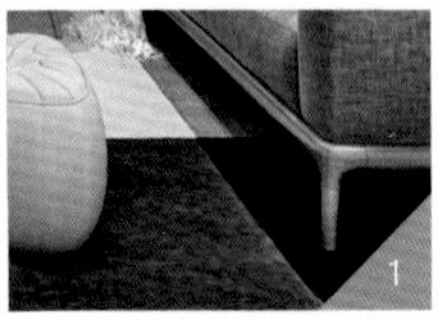
彩色混纺地毯

玻璃隔断

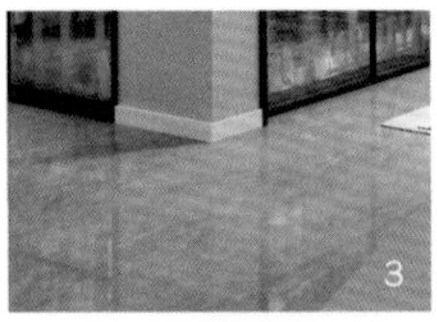
中灰花玻化砖

不锈钢装饰线

直纹斑马木饰面板

白桦木踢脚线

黑白装饰画

橡木饰面板

5

6
7

8

主要装修材料

肌理壁纸

不锈钢装饰线

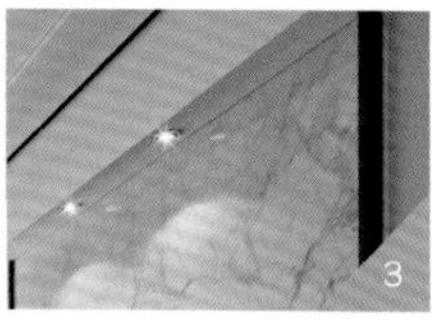

中花白大理石

皮革硬包

黑白根大理石装饰线

黑胡桃木饰面板

橡木金刚板

主要装修材料

水曲柳造型饰面板

密度板拓缝

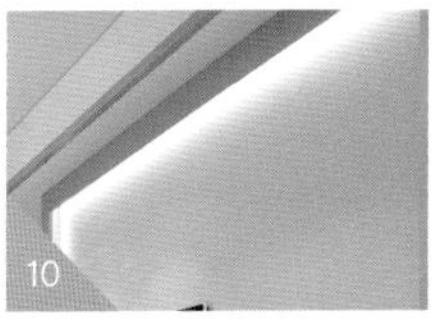

有色肌理漆

白桦木装饰线

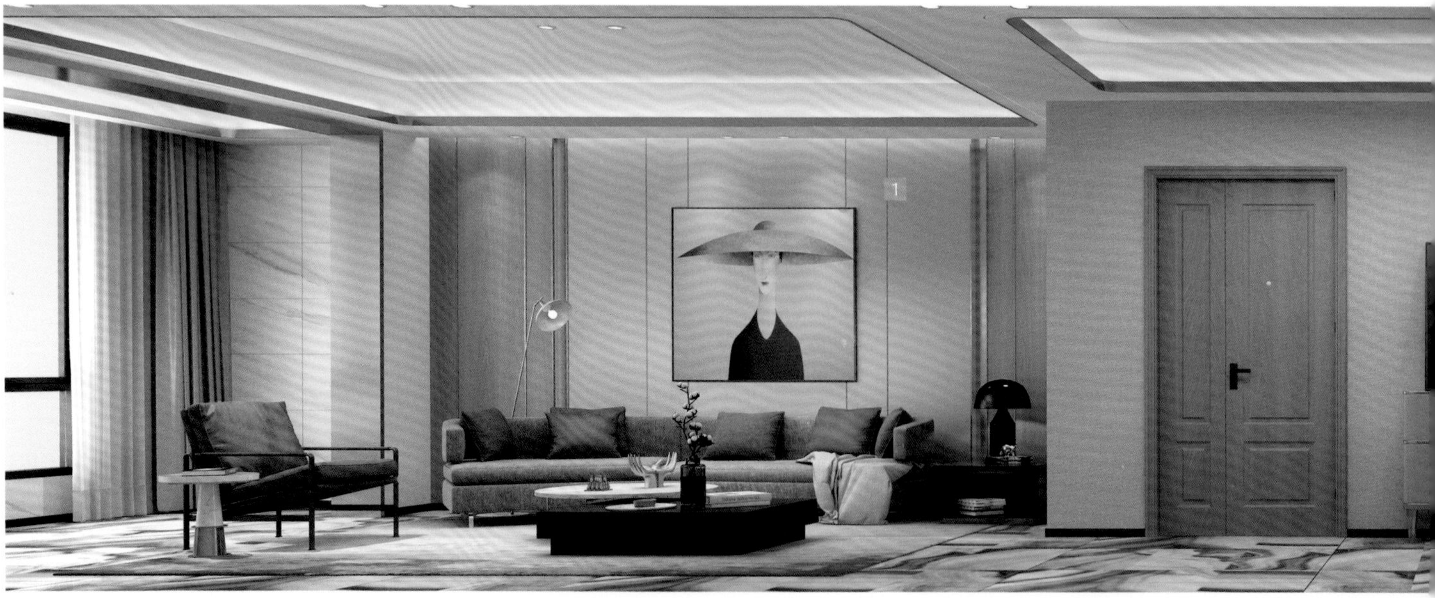

主要装修材料

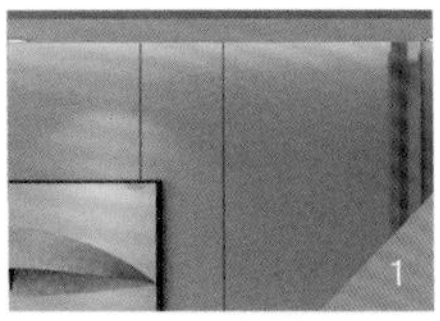

密度板拓缝

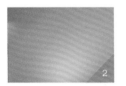

有色乳胶漆

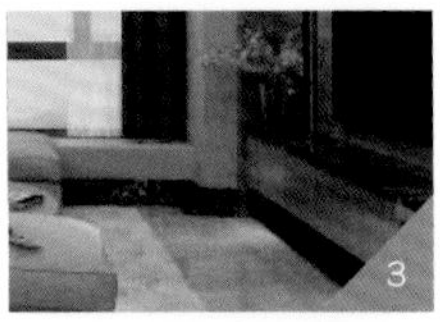

黑金花大理石踢脚线

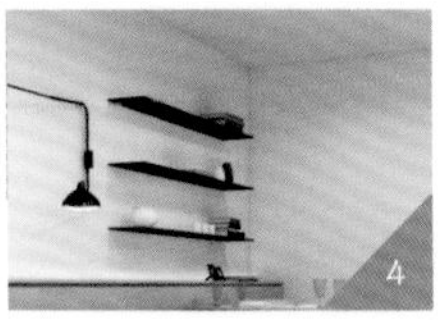

木质搁板

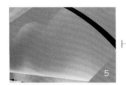

肌理壁纸

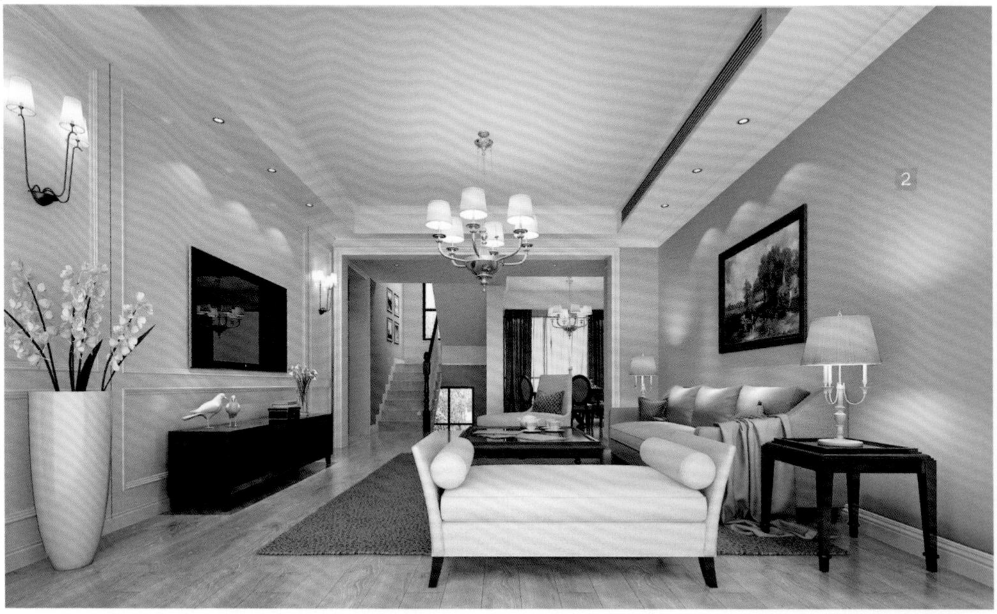

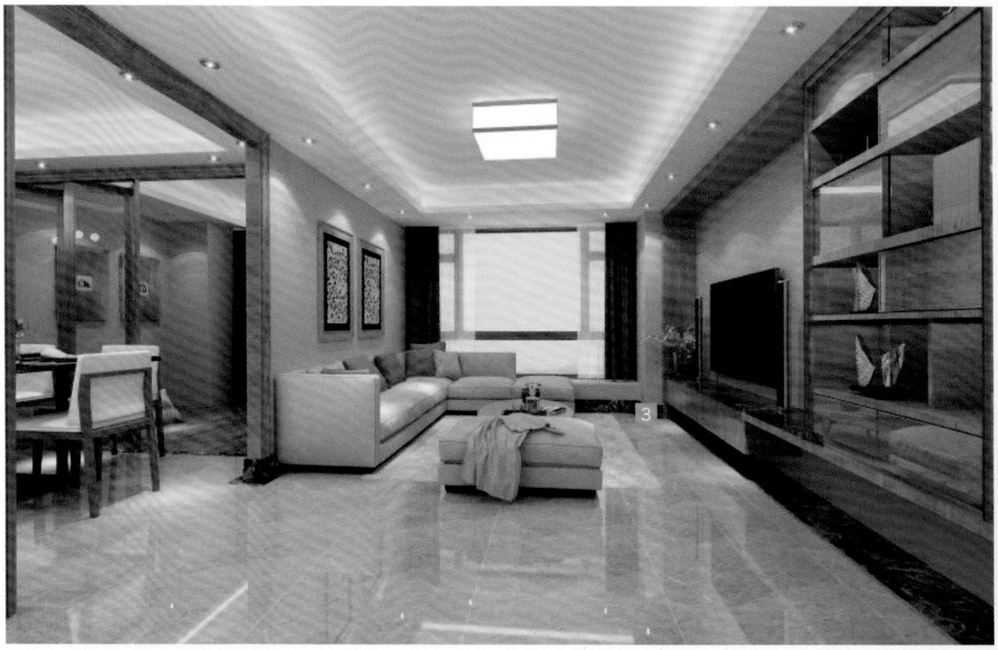

如何挑选乳胶漆

1. 用鼻子闻。当在乳胶漆中闻到刺激性气味或工业香精味，就应慎重选择。

2. 用眼睛看。放置一段时间后，优质乳胶漆的表面会形成一层厚厚的膜，不易裂；而次品只会形成一层很薄的膜，易碎，且常伴有刺鼻的气味。

3. 用手感觉。用手指摸，正品乳胶漆手感光滑、细腻。

4. 耐擦洗。可将少许涂料刷到水泥墙上，涂层干后用湿抹布擦洗。高品质的乳胶漆耐擦洗，而低档的乳胶漆只擦几下就会出现掉粉、露底等现象。

5. 尽量到正规商店或专卖店去购买。尽量到正规商店或专卖店去购买，在选购时要认清商品包装上的标识，特别是厂名、厂址、产品标准号、生产日期、使用说明等。

2

3

主要装修材料

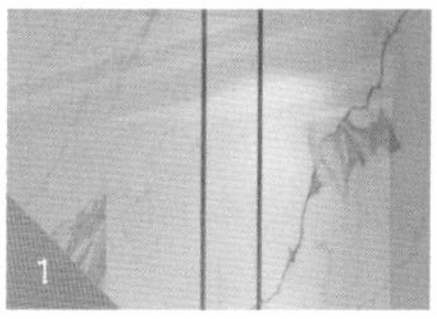

不锈钢装饰线

水曲柳饰面板

爵士白大理石垭口

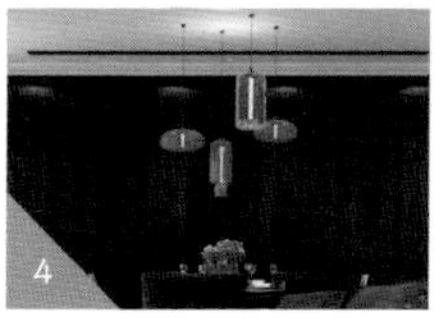

黑胡桃木装饰面板

白桦木饰面板

清玻贴不锈钢装饰条隔断

主要装修材料

中灰花大理石垭口

银箔壁纸

白桦木装饰线

肌理漆

黑胡桃木饰面板

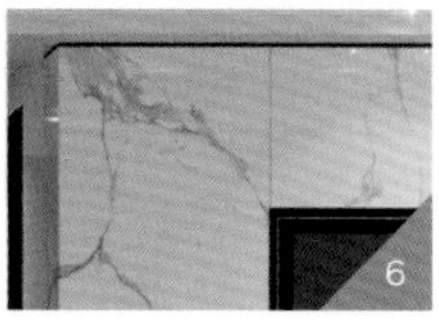

爵士白大理石

装饰银镜

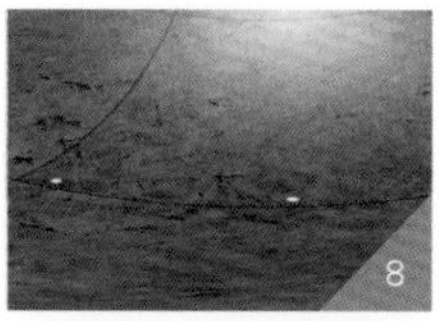

仿岩地砖

6

7
8

5

主要装修材料

大理石拼花波打线

白色板岩砖

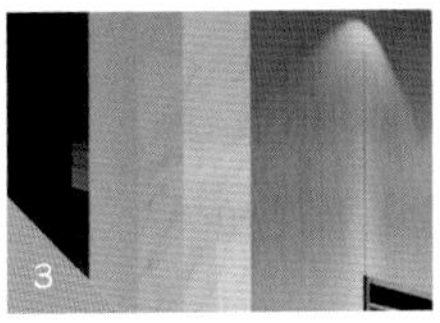

爵士白大理石立柱

有色乳胶漆

米色网纹玻化砖

主要装修材料

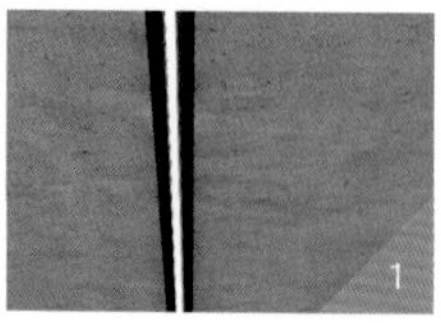

LED 灯带

有色乳胶漆

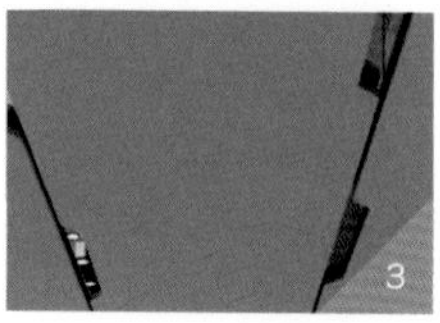

造型吊顶

黑白根大理石

密度板拓缝

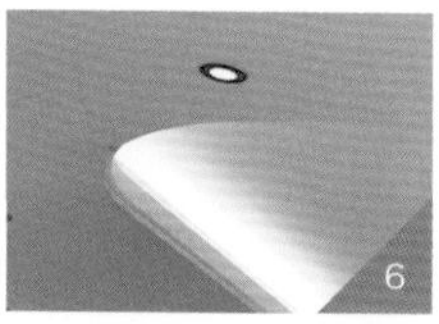

石膏板暗藏灯带

爵士白无缝砖

木质搁板

让“小居室”显大的秘诀

小居室应避免放置过大的家具和电器，并充分利用立体空间，如选择折叠延展式的沙发床、推拉式的衣柜、多层的储物架等。在分隔功能区时，可选用玻璃材质的隔断或软隔断，如玻璃材质半透明的推拉门，或者珠帘、拉帘等软装饰品，半透光的隔断会让空间看起来更敞亮也更有层次。在灯具的选择上要避免选用大型吊灯，同时在灯光的设计上要注重层次感和实用性。让小居室空间变大的方法还有“视觉迷惑”法，玻璃等具有反光效果的材质能延展视觉空间，并产生具有对称美感的景象。

主要装修材料

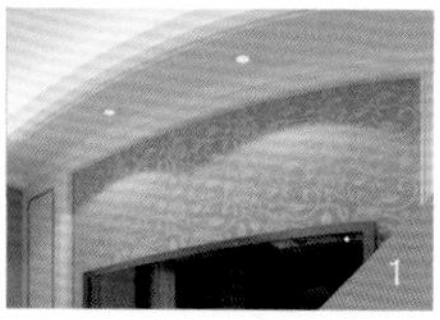

印花壁纸

装饰银镜

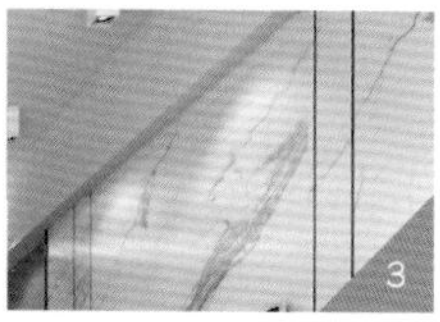

爵士白大理石无缝砖

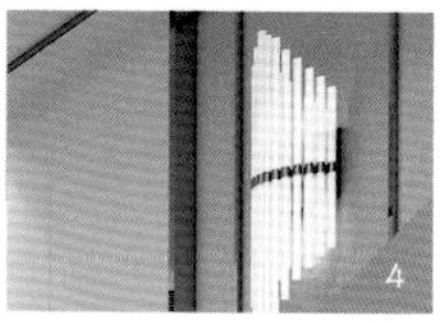

不锈钢装饰线

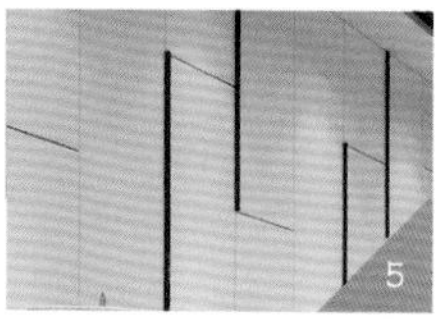

密度板拓缝压装饰条

主要装修材料

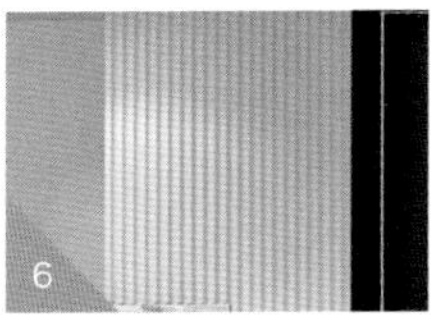

凹凸装饰板

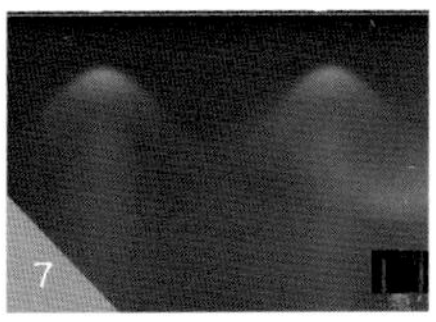

有色乳胶漆

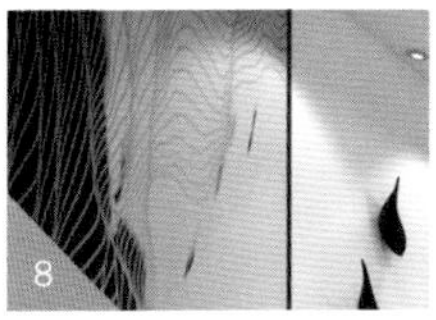

巨幅装饰画

装饰灰镜

1
2

3

4

主要装修材料

布艺硬包

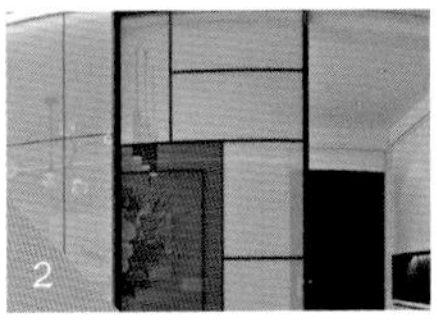
拼色玻璃隔断

灰色乳胶漆

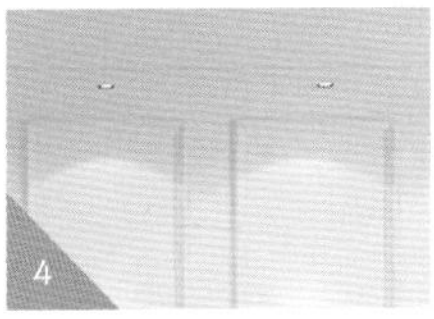
白枫木装饰线

造型吊灯

密度板拓缝

肌理漆

白枫木踢脚线

主要装修材料

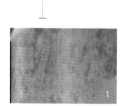

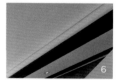

肌理壁纸

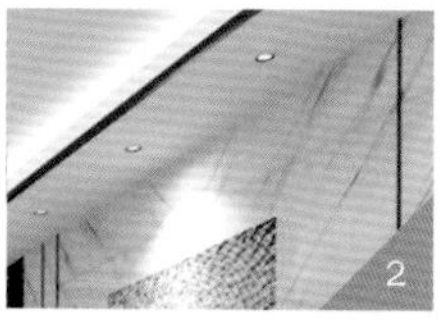

人造大理石

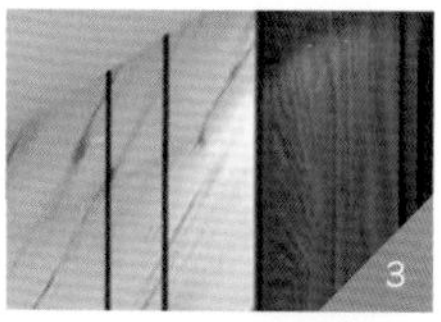

胡桃木饰面板

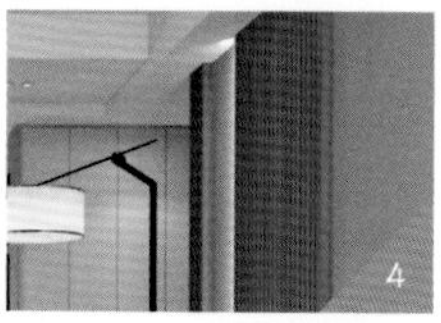

实木装饰线密排

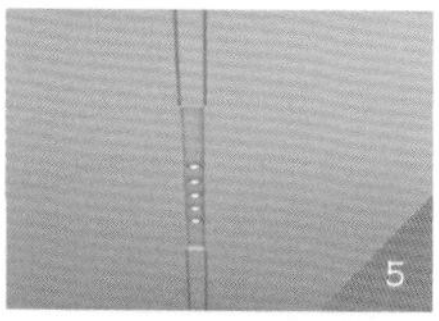

木质吊顶内嵌灯排

石膏装饰线

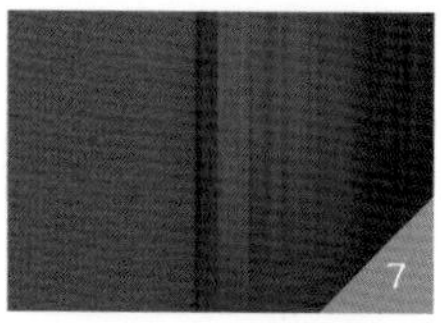

肌理壁纸

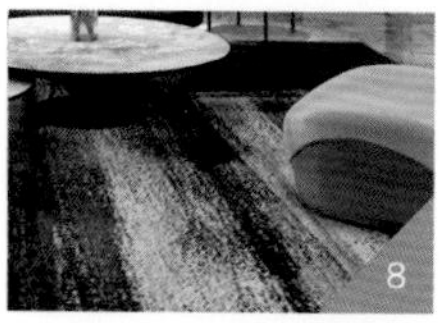

混纺地毯

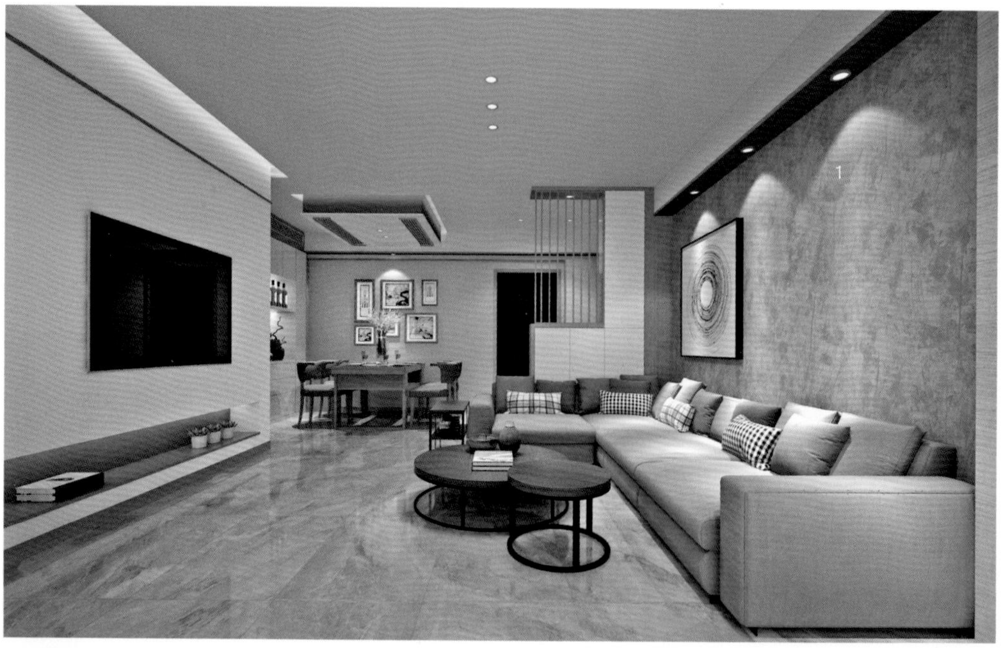

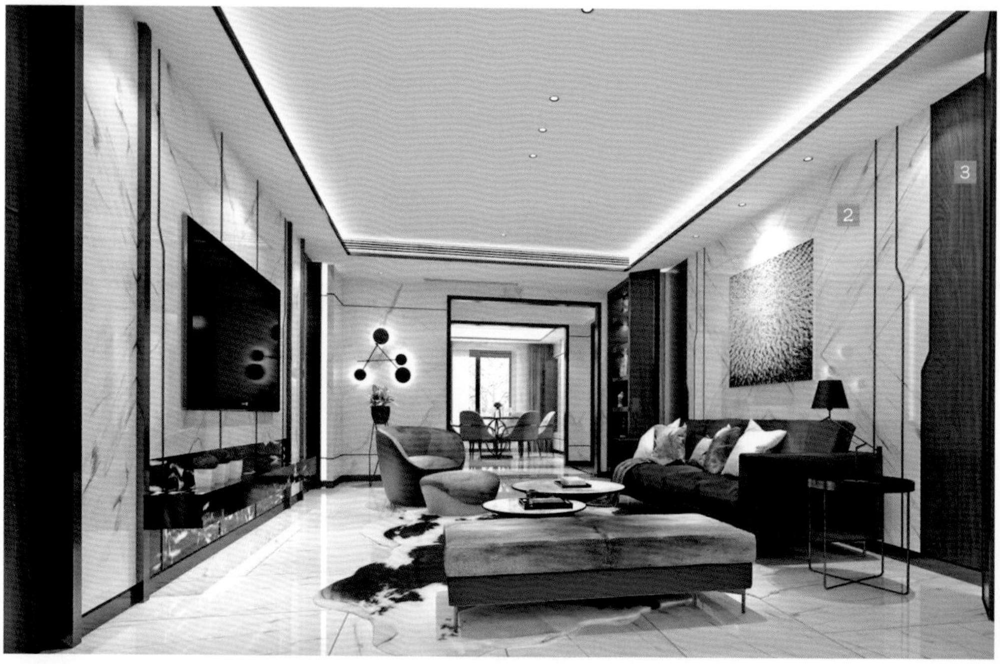

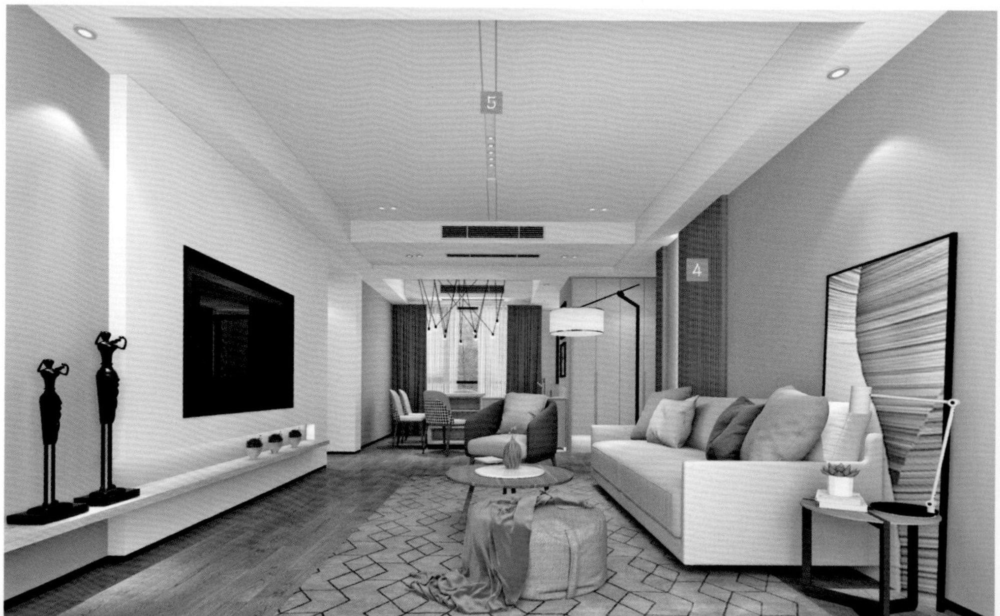

热熔玻璃的特点

热熔玻璃以其独特的装饰效果成为人们关注的焦点。热熔玻璃超越了玻璃原有的形态，能够充分发挥设计者和加工者的艺术构思，把现代或古典的艺术形式融入玻璃之中，将平板玻璃加工成各种凹凸有致、颜色各异的艺术玻璃。它图案丰富、立体感强、光彩夺目，解决了普通装饰玻璃立面单调呆板的问题，使玻璃立面拥有灵动的造型，应用在家装中装饰效果好，能给居室带来优雅的氛围，令空间更有层次感。

主要装修材料

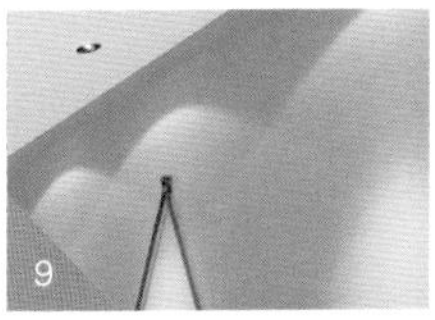

有色乳胶漆

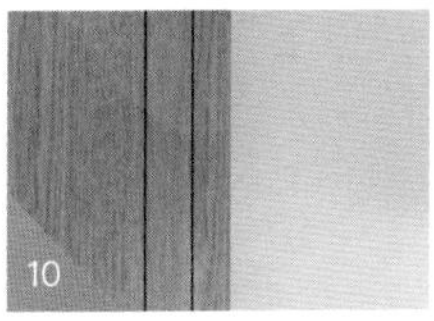

水曲柳饰面板

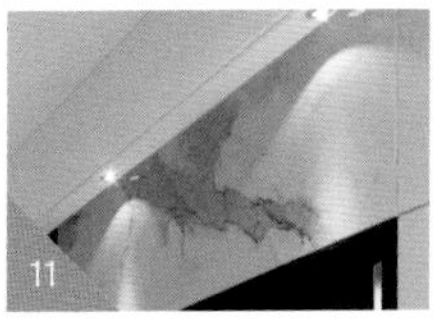

爵士白墙砖

1
2

3
4

主要装修材料

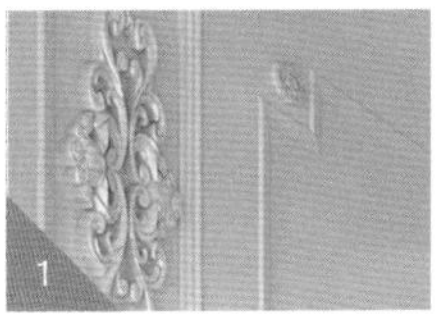

雕花墙饰

车边银镜

爵士白大理石

水曲柳饰面板

皮革硬包

密度板拓缝

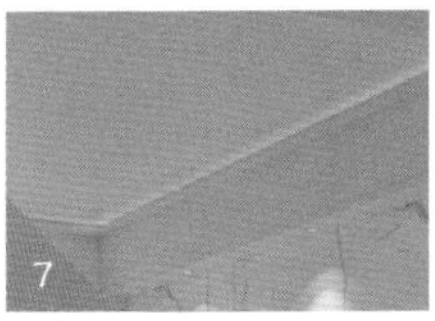

石膏吊顶内嵌灯带

水曲柳金刚板

主要装修材料

玻璃推拉门

水曲柳格栅

白松木吊顶暗藏灯带

绿植挂饰

中灰花玻化砖

主要装修材料

装饰银镜

装饰组画

文化石

白色板岩砖

胡桃木饰面板

1

2
3

4

主要装修材料

白桦木踢脚线

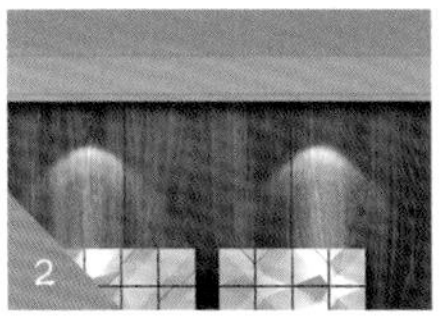

胡桃木饰面板

条纹壁纸

玻璃推拉门

有色乳胶漆

米色网纹玻化砖

橡木踢脚线

木质搁板

主要装修材料

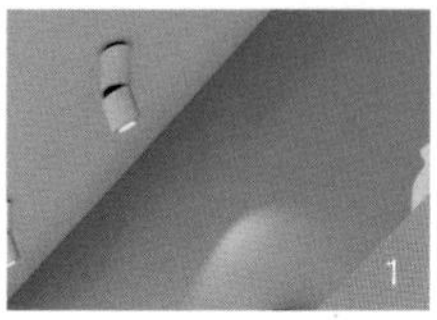

有色乳胶漆

落地窗

中灰花大理石

浅灰色亚光地砖

胡桃木吊顶

如何选择装饰材料

装饰材料的软硬、粗细、凹凸、轻重、疏密、色彩等特性是家居设计、选材时必须考虑到的。相同的材料可以有不同的质感，如光面大理石与烧毛面大理石、镜面不锈钢板与拉丝不锈钢板等。一般而言，粗糙不平的表面给人以粗犷豪迈的感觉，而光滑细致的表面则给人以细腻、精致的感受。住户应根据家居装修的整体风格进行选择。另外，厨房和餐厅的装饰材料还应该具备耐污性、耐火性、耐水性、耐磨性、耐腐蚀性等特殊性能，使其在长期使用过后仍能保持原有的装饰效果。

卧 室

主要装修材料

定制拼花装饰板

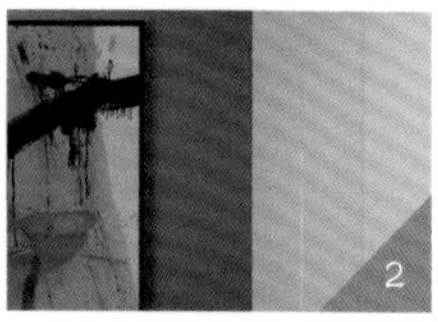

有色乳胶漆

艺术拼花地毯

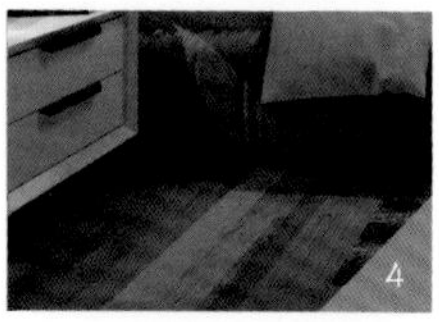

橡木金刚板

密度板拓缝

艺术组画

胡桃木踢脚线

小卧室的布置原则

储物空间内置：要想让小卧室的空间显大，储物柜可以不按照传统的方法打造，它们往往占去大面积的空间，同时，当卧室中有多个储物柜时，储物柜高矮不一的情况也容易发生，在小卧室里尤显得杂乱。在小卧室中，利用墙壁的内部空间设计储物柜，将收纳空间巧妙地隐藏，是个不错的选择。

首选多功能家具：小卧室里多功能家具是首选。既可以当沙发又可以当床，既能当书桌又能当书柜的家具在小卧室里非常实用，可以有效节约空间。

主要装修材料

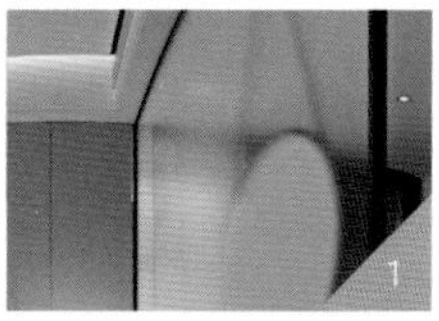

磨砂玻璃

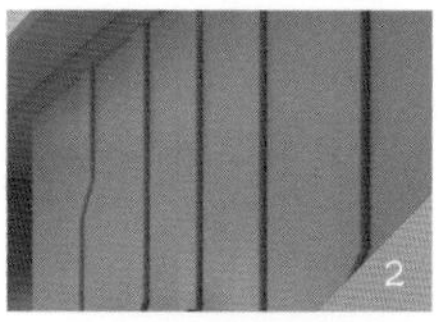

木质造型装饰板

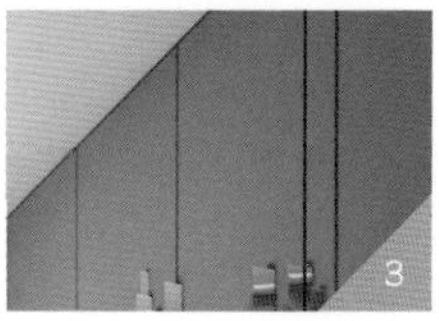

布艺硬包

主要装修材料

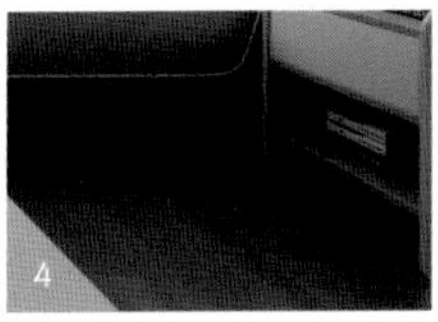

胡桃木金刚板

装饰组画

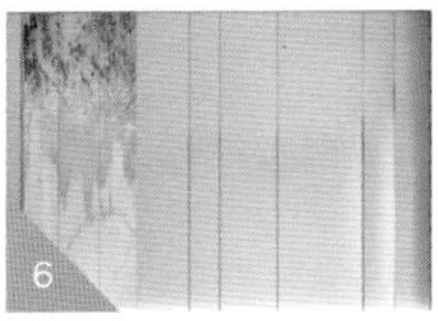

定制装饰板

玻璃推拉门

粉色绒布软包

主要装修材料

白松木造型吊顶

造型吊灯

肌理壁纸

橡木百叶推拉门

密度板拓缝

主要装修材料

混纺地毯

仿木纹拼花金刚板

茶色玻璃

浅灰色乳胶漆

主要装修材料

胡桃木地板

装饰灰镜

白枫木踢脚线

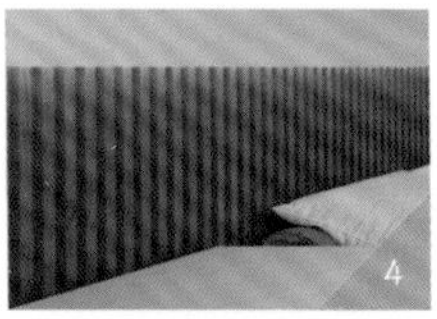

实木装饰线密排

布艺硬包

不锈钢装饰线

灰色乳胶漆

米色肌理漆

卧室灯饰的设计

卧室的灯饰应根据卧室主人的年龄、喜好的不同做相应的设计。儿童纯真活泼，可选用外形简洁，色彩轻柔的灯具，以满足儿童的心理需要；中青年人性格成熟，工作繁重，灯饰的选择要考虑到夫妻双方的喜好，以及减压放松的需要，以利于放松和夫妻生活的幸福。老年人生活平静，灯饰应以外观简洁、亮度适中为宜，以营造一个舒适的睡眠环境。

主要装修材料

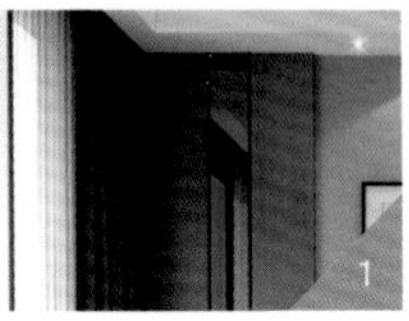

装饰灰镜

橡木饰面板

肌理壁纸

深灰混纺地毯

仿木纹拼花金刚板

皮革硬包

中花白大理石

印花壁布

6
5

7

8

主要装修材料

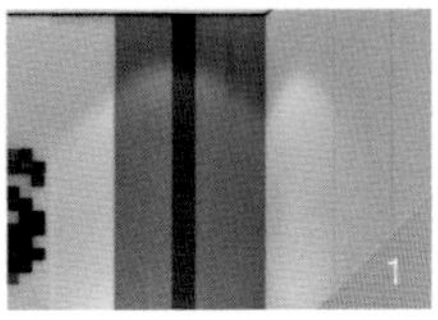

橡木饰面板混油

白桦木装饰线

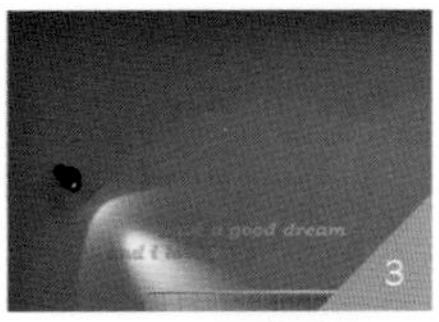

灰色乳胶漆

钢化玻璃隔断

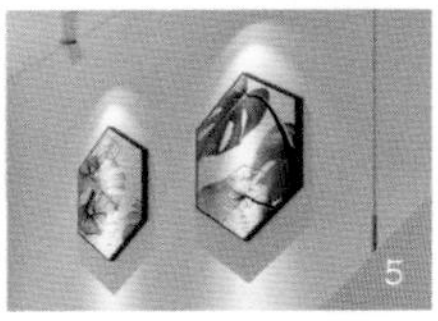

装饰组画

不锈钢装饰线

胡桃木地板

暗格纹混纺地毯

卧室装饰画的色彩和风格要跟装修风格相统一

卧室背景墙上的装饰画往往会成为视觉焦点，可以选择以花卉、人物、风景等为主题的装饰画，或能让人产生丰富联想的抽象派、印象派绘画作品等。卧室装饰画的色彩和风格要跟卧室的装修风格相协调，宜选择色彩比较温和淡雅的画作。另外，卧室的装饰画高度一般在 50 ~ 80 厘米之间，长度根据墙面或主体家具的长度而定，不宜小于床长度的 2/3。

主要装修材料

橡木地板

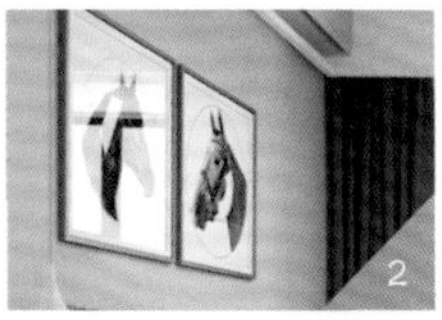
装饰组画

麻布硬包

有色乳胶漆

钢化玻璃隔断

主要装修材料

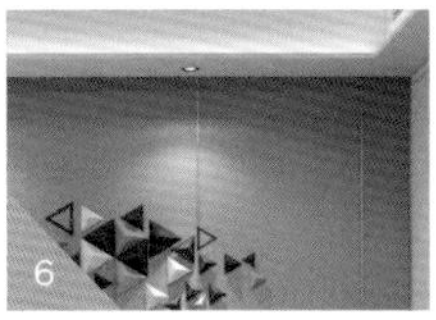

不锈钢装饰线

订制墙饰

实木装饰线密排

混纺地毯

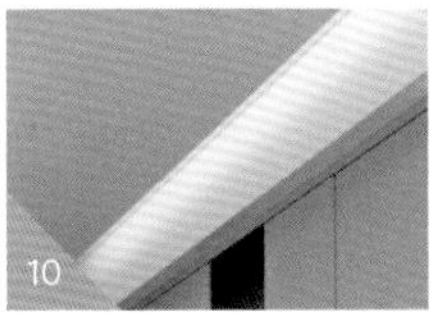

密度板吊顶内藏灯带

主要装修材料

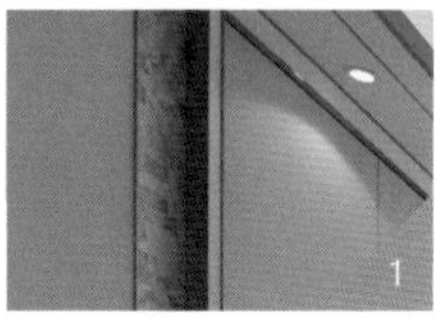

仿石纹壁纸

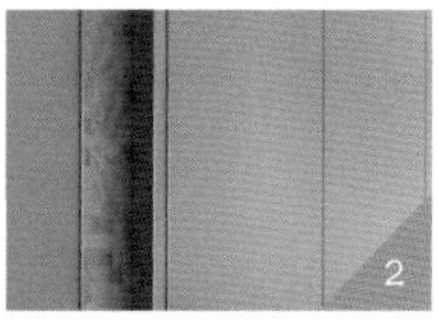

不锈钢装饰线

石膏吊顶内嵌灯带

灰色乳胶漆

胡桃木装饰条

装饰灰镜

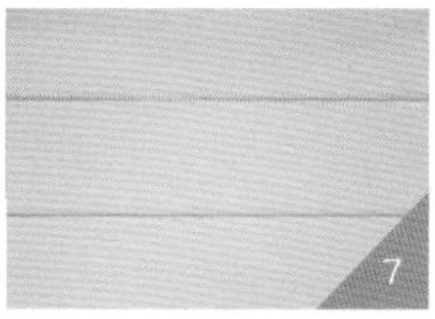

白色皮革软包

橡木金刚板

主要装修材料

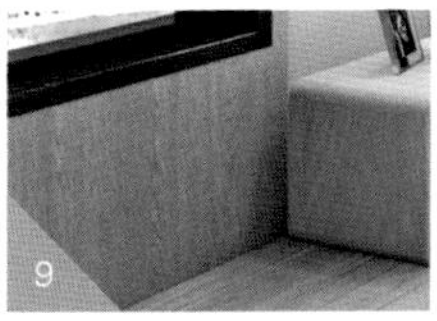

橡木饰面板

密度板拓缝

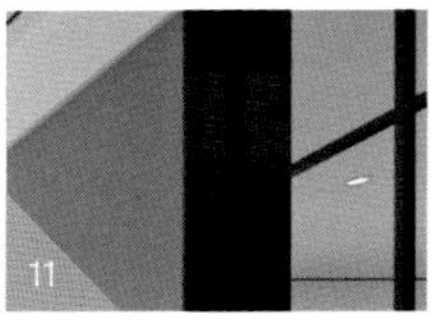

装饰银镜

艺术地毯

胡桃木踢脚线

如何选购装饰玻璃

选购装饰玻璃应注意以下几点：“看”，看颜色和通透度，这是最直观的，好的装饰玻璃色彩通透、上色均匀，极少有气泡和杂质；“摸”，用手触摸，感觉玻璃的做工是否精致，好的装饰玻璃手感细腻、光滑、不毛糙，纹理流畅；“贴”，用透明胶带贴在玻璃的上漆面，再把它撕下来，看油漆是否会脱落；“闻”，新玻璃一般有一股淡淡的清香。

主要装修材料

橡木格栅

橡木地板

不锈钢装饰线

肉粉色硬包

麻布壁纸

黑胡桃木装饰线内嵌灯带

浅灰色乳胶漆

艺术组画

主要装修材料

订制墙饰

深灰色绒面地毯

胡桃木地板

护墙板

主要装修材料

米色布纹壁纸

密度板拓缝

不锈钢装饰线

胡桃木踢脚线

主要装修材料

水曲柳饰面板

美式复古带吊灯风扇

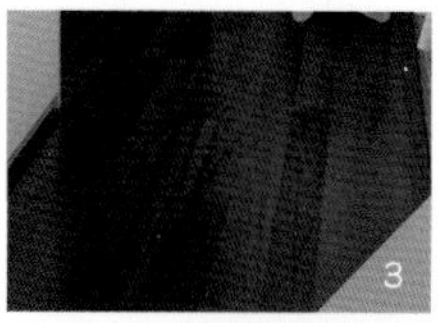

胡桃木地板

环保印花壁纸

橡木地板

仿布纹壁纸

订制装饰板

有色乳胶漆

儿童房装修注重环保

儿童房的装修，应以环保为基础，尽量减少有害材料的使用量和施工量。装饰材料及辅材一定要选择零甲醛的环保材料。墙面的涂料和油漆最好选用水性、环保的；房间内最好不要贴壁纸；不使用天然石材，如大理石和花岗岩，以免造成室内氡污染。此外，家具也会释放一定量的污染物，最好选择实木家具，以减少污染。有些泡沫塑料制品如地板拼图，会释放出大量的挥发性有机物质，可能会对孩子的健康造成影响，应尽量避免使用。

主要装修材料

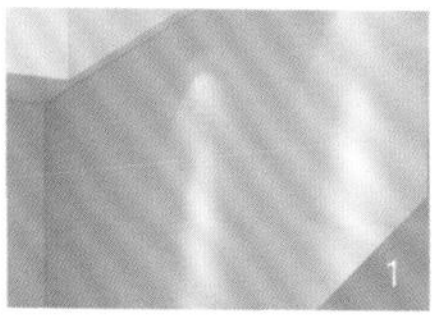

米色乳胶漆

造型吊灯

订制墙饰

装饰组画

玻璃推拉门

主要装修材料

白枫木装饰线密排

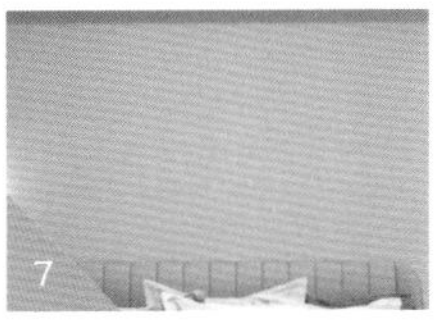

暗格纹壁纸

橡木地板

石膏造型吊顶

圆形装饰地毯

主要装修材料

布艺硬包

肌理漆

皮革软包

中灰花大理石

银箔壁纸

实木装饰线

护墙板

不锈钢装饰线

卧室地面材料的选择

卧室的地面应具有保暖性，给人以温暖舒适的感觉，不宜选用地砖、天然石材、水泥等冰冷的材质，通常会选用地板、地毯等质地较软、保暖性能好的材质。在色彩上一般宜采用中性色或暖色，如果采用冷色的地板，容易使人产生寒意而无法安眠，影响睡眠质量。同时，出于对空间私密度的要求，卧室的密封性相对较好，因此，所选的地面材料对于环保性的要求应高于其他空间。

主要装修材料

浅灰色乳胶漆

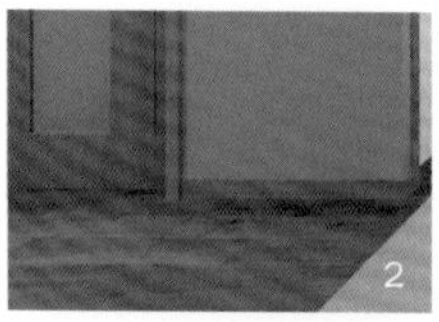

水曲柳踢脚线

橡木百叶推拉门

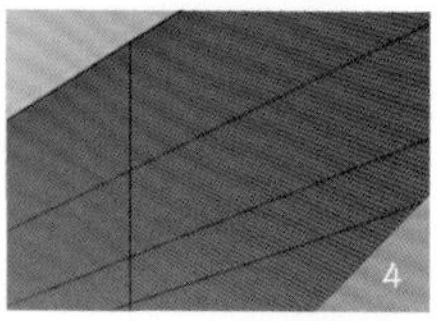

布艺硬包

主要装修材料

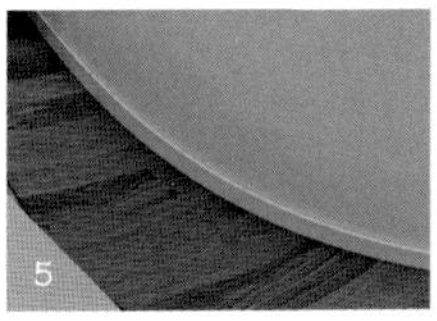

白枫木踢脚线

几何纹混纺地毯

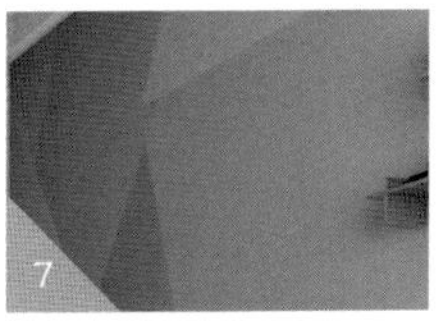

彩色几何墙绘

橡木金刚板

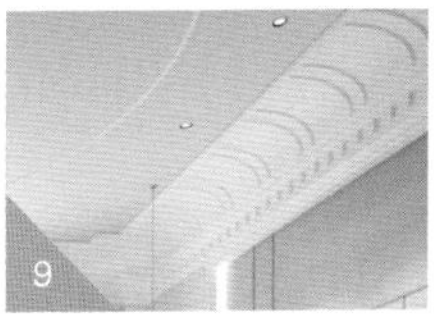

石膏造型吊顶

白桦木装饰线

仿木纹地砖

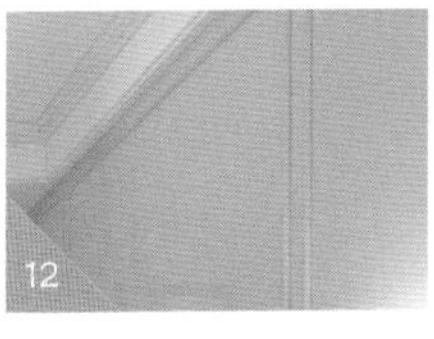

白枫木装饰线

1
2

3
4

主要装修材料

绒布软包

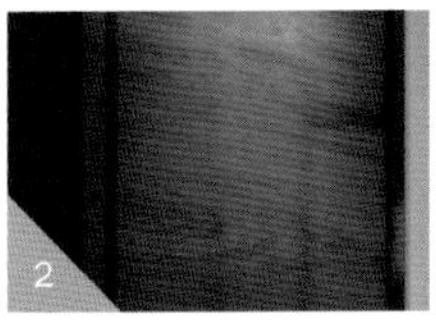

泰柚木饰面板

皮革硬包

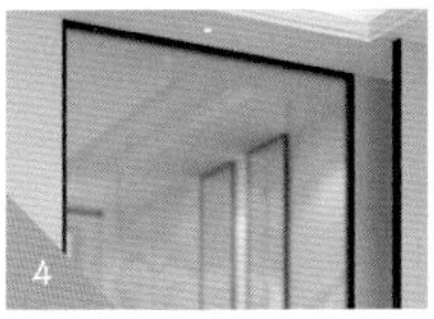

磨砂玻璃

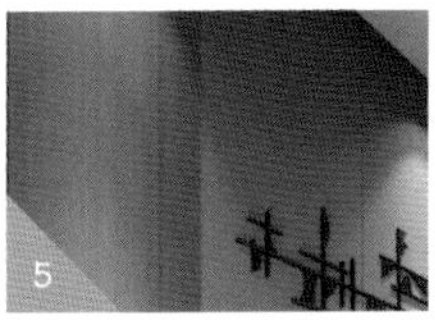

水曲柳饰面板

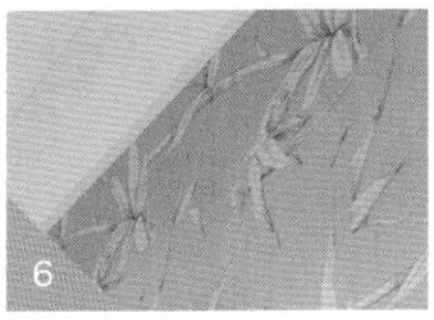

印花壁纸

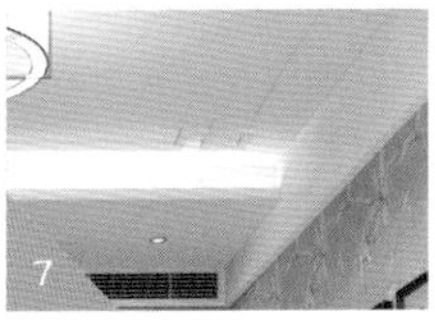

石膏装饰线

仿木纹壁纸

主要装修材料

磨砂玻璃推拉门

深灰色乳胶漆

条纹壁纸

复合实木地板

复古花纹壁纸

不锈钢装饰线

白枫木踢脚线

实木装饰线

纯色涂料打造简约风格居室

涂料具有防腐、防水、防油、耐化学品、耐光、耐温等特性，非常符合简约家居崇尚实用的装修理念。选择合适的纯色涂料来打造简约风格的居室，能将空间塑造得十分通透，同时，打扫起来也很方便。例如，卧室的墙面可以用偏暖的纯色涂料粉刷，再挂上自己喜欢的画，配上美丽的软装饰品，清新的绿植，即可营造出温馨柔和的卧室氛围。

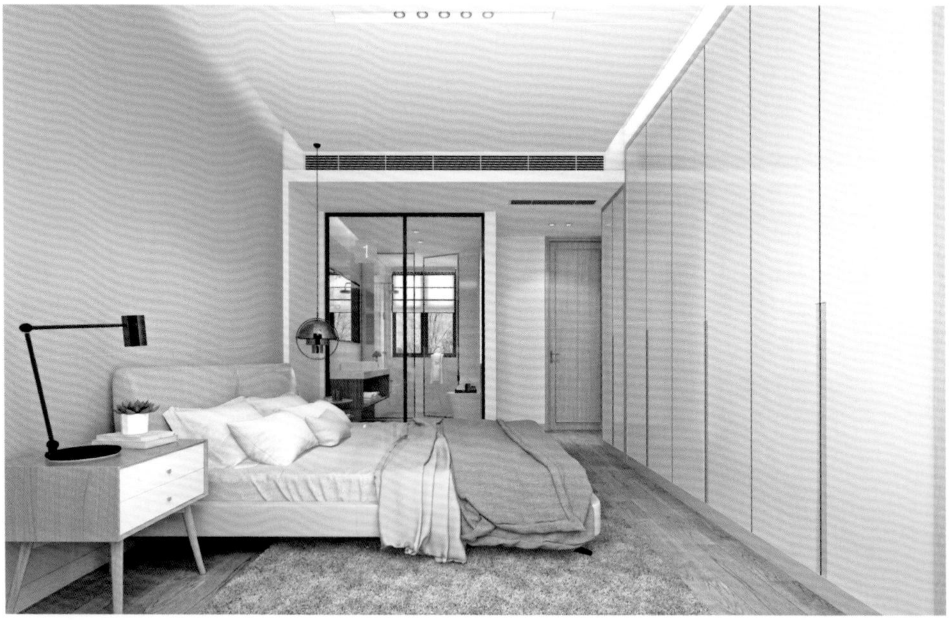

主要装修材料

玻璃推拉门

复古印花壁纸

橡木地板

布艺硬包

白桦木装饰线

仿木纹壁纸

主要装修材料

中灰花大理石

彩色混纺地毯

实木格栅

胡桃木地板

白枫木踢脚线

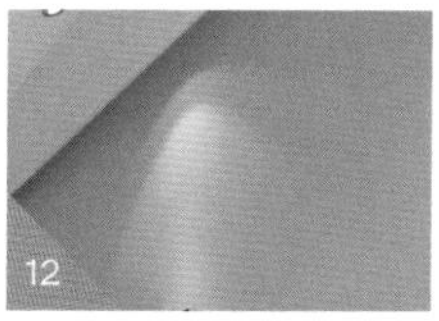

灰色乳胶漆

简约风格居室的色彩特点

简约风格家居多是以纯色作为基本色调，如白色、浅黄色、浅灰色等，给人以纯净、安宁、文雅的感觉，使人感到放松舒适，可以在工作之余收敛心神，愉悦身心。简约风格居室也常常运用对比，将几种不同的颜色搭配在一起，利用色彩的对比度、明度、饱和度及色块的大小等设计出和谐的色彩搭配。

主要装修材料

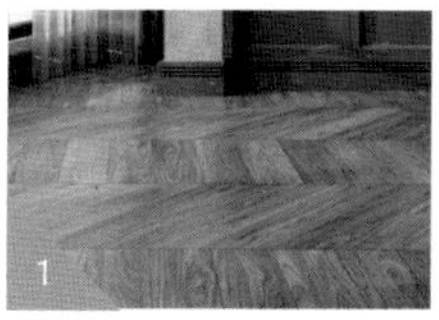

仿木纹金刚板

定制磨砂玻璃吊顶

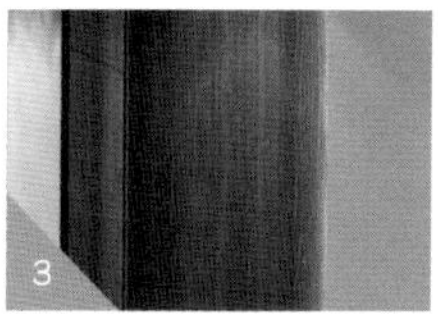

胡桃木饰面板

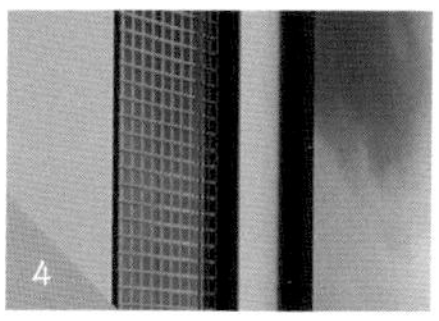

玻璃马赛克

米色细格纹壁纸

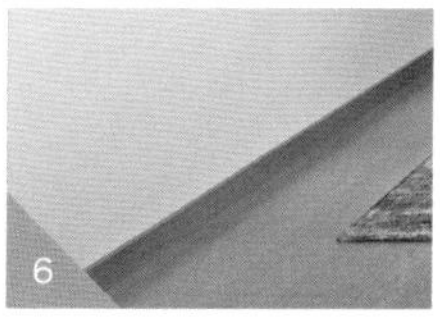

橡木踢脚线

混纺地毯

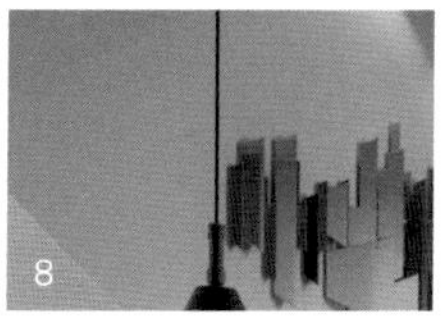

湖蓝色乳胶漆

主要装修材料

布艺硬包

麻布地毯

米色大理石

灰色肌理漆

其他功能区

主要装修材料

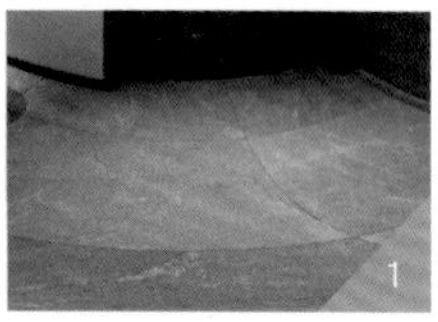

浅啡网纹玻化砖

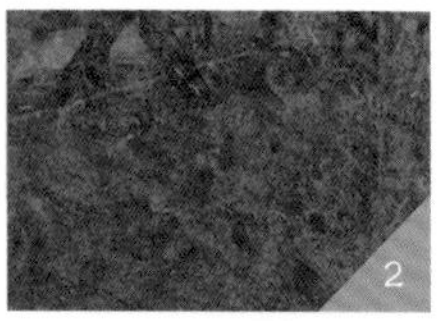

人造大理石

胡桃木饰面板

橡木装饰吊顶

实木装饰条

玻璃隔断

木纹金刚板

白枫木踢脚线

5

6

如何划分出独立就餐区

现代住宅中，有些并没有独立的餐厅，有的餐厅与客厅连在一起，有的则是与厨房连在一起。在这样的情况下，可以通过巧妙的设计来划分出相对独立的就餐区。如通过吊顶，使就餐区吊顶的高度与客厅或厨房的不同；通过在地面铺设不同色彩、不同质地、不同高度的装饰材料，在视觉上把就餐区与客厅或厨房区分开来；通过不同色彩、不同类型的灯光,来界定就餐区的范围;还可以通过屏风、隔断，在空间上分隔出就餐区等。

7 8

主要装修材料

白枫木装饰线

彩色釉面砖

铁艺造型隔断

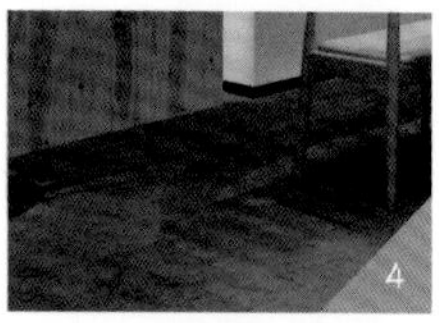
灰色绒面地毯

木质造型隔断

造型玻璃隔断

蓝色装饰玻璃

橡木饰面板

7
6

8

主要装修材料

米色网纹大理石踢脚线

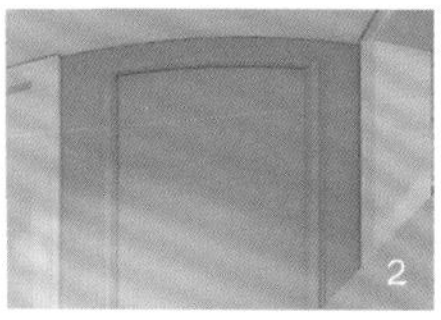

白枫木装饰线

黑白根大理石波打线

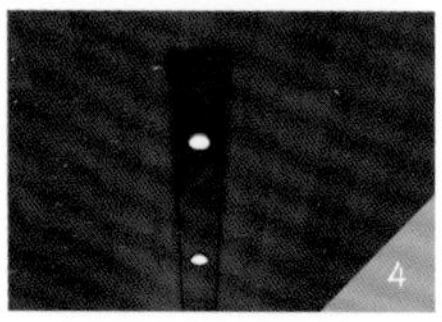

木质吊顶

主要装修材料

木质垭口混油

钢化玻璃推拉门

混纺地毯

灰色乳胶漆

1
2

3

主要装修材料

仿木纹壁纸

米色网纹玻化砖

白枫木踢脚线

中花白大理石

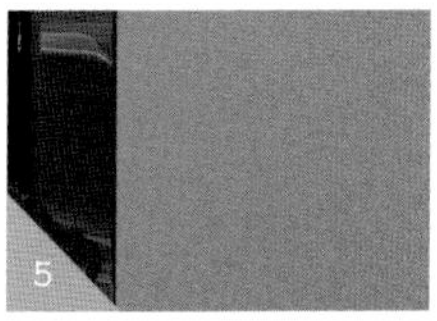

布纹壁纸

装饰灰镜

彩色釉面砖

装饰玻璃隔断

精心设计的厨房带来舒心的操作体验

厨房的灶台最好设计在台面的中央，并尽量保证灶台旁边预留有工作台，以便炒菜时可以安全及时地放置从灶台上取下的锅，避免因工作台距离过远造成烫伤。厨房的台面、橱柜的边角或是把手的造型，有时为了好看往往设计得很尖，虽说外形很酷，但在实际操作中人很容易被它碰伤或划伤，所以橱柜、台面及把手的边角最好选择圆弧形的，以保证安全。厨房门的设计也很有讲究，为了确保厨房门不会因突然开启而撞到人，最好使用推拉门。

主要装修材料

中灰花玻化砖

装饰组灯

山水纹大理石

壁龛

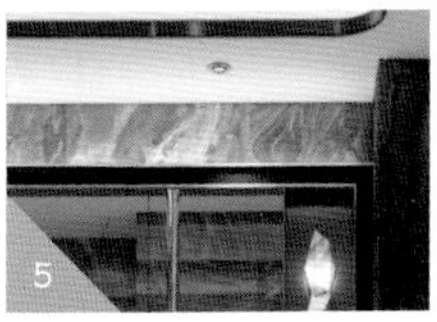

仿大理石墙砖

胡桃木垭口

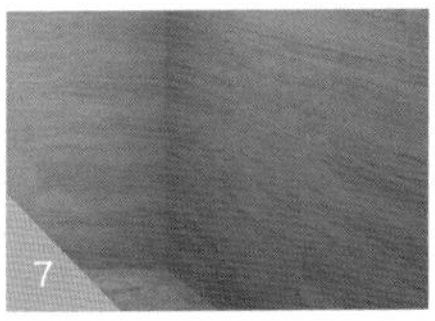

仿木纹墙砖

深灰色肌理漆

图书在版编目（CIP）数据

设计理想的家. 简约家居轻图典 / 叶斌，叶猛编著. —福州：福建科学技术出版社，2019.9

ISBN 978-7-5335-5951-9

Ⅰ. ①设… Ⅱ. ①叶… ②叶… Ⅲ. ①住宅 - 室内装饰设计 - 图集 Ⅳ. ①TU241-64

中国版本图书馆CIP数据核字（2019）第157813号

书　　名　设计理想的家　简约家居轻图典
编　　著　叶斌　叶猛
出版发行　福建科学技术出版社
社　　址　福州市东水路76号（邮编350001）
网　　址　www.fjstp.com
经　　销　福建新华发行（集团）有限责任公司
印　　刷　福建彩色印刷有限公司
开　　本　889毫米×1194毫米　1/16
印　　张　6.5
图　　文　104码
版　　次　2019年9月第1版
印　　次　2019年9月第1次印刷
书　　号　ISBN 978-7-5335-5951-9
定　　价　39.80元

书中如有印装质量问题，可直接向本社调换